气体检测报警器现场检定/校准系列口袋书

硫化氢气体检测仪
现场检定

中国石油化工股份有限公司天津分公司
中 国 石 化 青 岛 安 全 工 程 研 究 院
组织编写

中国石化出版社
HTTP://WWW.SINOPEC-PRESS.COM

内 容 提 要

本书是《气体检测报警器现场检定/校准系列口袋书》分册之一，涵盖硫化氢气体检测仪现场检定以下内容：检定前准备；检定项目及计量性能要求；检定过程；检定原始记录；数据处理样例；检定结果及检定周期以及常见故障案例分析等。

本书采用口袋书的形式，图文并茂，可读性强。可用作硫化氢气体检测仪现场检定人员的培训教材，也可供硫化氢气体检测仪使用维护人员及相关安全技术人员参考。

图书在版编目（CIP）数据

硫化氢气体检测仪现场检定 / 中国石油化工股份有限公司天津分公司，中国石化青岛安全工程研究院组织编写. —北京：中国石化出版社，2019.8（2022.11重印）
气体检测报警器现场检定 / 校准系列口袋书
ISBN 978-7-5114-5426-3

Ⅰ. ①硫… Ⅱ. ①中… ②中… Ⅲ. ①石油化工 – 硫化氢 – 有毒气体 – 检测仪表 – 检定 – 基本知识 Ⅳ. ①TH89

中国版本图书馆CIP数据核字(2019)第136750号

中国石化出版社出版发行

地址：北京市东城区安定门外大街58号
邮编：100011　电话：(010) 57512500
发行部电话：(010) 57512575
http://www.sinopec-press.com
E-mail:press@sinopec.com
北京富泰印刷有限责任公司印刷
全国各地新华书店经销
*
787×1092毫米32开本1.75印张22千字
2019年8月第1版　2022年11月第3次印刷
定价：20.00元

编委会

前　言 PREFACE

可燃和有毒气体泄漏的安全危害极大，一旦发生就可能引发火灾、爆炸和中毒等事故，给企业造成巨大的经济损失，并产生恶劣的社会影响。气体检测报警器作为探测环境中某种气体含量的计量仪器，要保证其检测结果的准确可靠，以便能够及时发现可燃或有毒气体发生泄漏，有效预防人身伤害以及火灾、爆炸事故的发生，依法合规地开展气体检测报警器的检定/校准和正确地使用维护非常重要。为了便于检定/校准相关人员理解现场操作流程，规范现场操作且便于携带，编者依据JJG 695—2003《硫化氢气体检测仪检定规程》编写了《硫化氢气体检测仪现场检定》一书，书中内容丰富，贴近现场，语言简洁，图文并茂，形式活泼。

本书是系列口袋书的分册之一，主要包含以下内容：

- 检定前准备
- 检定项目及计量性能要求

- 检定过程
- 检定原始记录
- 数据处理
- 检定结果及检定周期
- 常见故障案例分析

通过本书的学习，读者可以更好地掌握硫化氢气体检测报警器的现场检定/校准工作，熟悉现场检定/校准工作流程，并对检定/校准过程中常见的问题进行处理。书中的部分内容具有一定的通用性，在实际开展现场检定/校准工作中，应严格遵守计量检定规程的相关要求和企业在安全方面的管理规定。

本书由中国石油化工股份有限公司天津分公司、中国石化青岛安全工程研究院共同组织编写。中国石油化工股份有限公司科技部和油田勘探开发事业部、炼油事业部、化工事业部、油品销售事业部及其所属多家企业有关领导和专家对该口袋书的编写也给予了大力支持和帮助，在此一并感谢。

由于编写水平和时间有限，书中内容尚存不足之处，敬请各位专家和广大读者批评指正并提出宝贵意见。

目　录 CONTENTS

1　检定前准备……………………………………1

1.1　检定用设备……………………………………1

1.2　个体防护……………………………………8

1.3　作业许可证办理及作业流程……………………11

1.4　检定环境条件……………………………………14

2　检定项目及计量性能要求……………………16

2.1　检定项目……………………………………16

2.2　计量性能要求……………………………………17

3　检定过程……………………………………18

3.1　外观的检定……………………………………19

3.2　示值误差的检定……………………………………22

3.3　重复性的检定……………………………………26

3.4 响应时间的检定……28
3.5 报警误差的检定……29

4 检定原始记录……31
4.1 基础信息填写……31
4.2 检定项目填写……33

5 数据处理……38
5.1 示值误差的计算……39
5.2 重复性的计算……40
5.3 响应时间的计算……41
5.4 报警误差的计算……41

6 检定结果及检定周期……42

7 常见故障案例分析……43

1 检定前准备

1.1 检定用设备

硫化氢气体检测仪检定所用标准器具及配套设备主要包括气体标准物质、零点校准气、流量控制器、秒表、标定罩、减压阀和气路等。

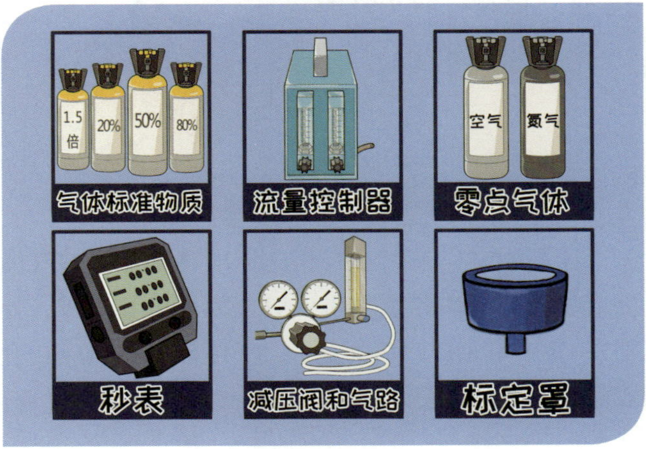

（1）气体标准物质

采用浓度为满量程的 20%、50%、80% 以及报警设定点 1.5 倍的硫化氢气体标准物质，其不确定度应不大于 2%（k=3）。

计量检定应采用具有相应标准物质证书的气体标准物质，气体标准物质一般分为一级和二级，分别以 GBW 和 GBW（E）表示，气体标准物质应在有效期内。

（2）零点校准气

高纯氮气或干净空气。

（3）流量控制器

流量控制器由检定用流量计和旁通流量计组成，流量范围为（0~1）L/min，准确度级别不低于 4 级。

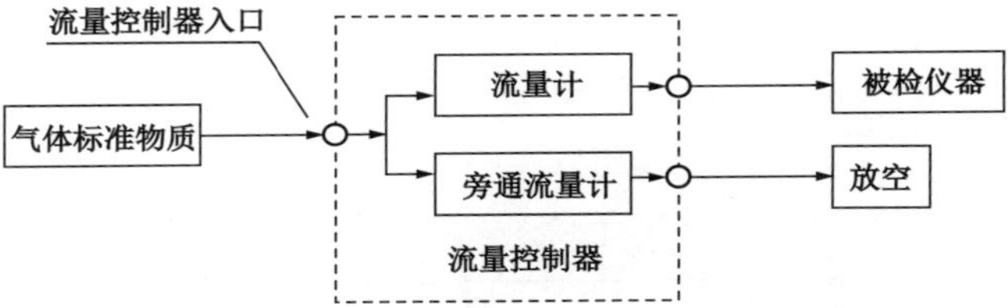

检定泵吸式仪器时，须保证流量控制器的旁通流量计有气体放空，使气体标准物质的进气流量大于仪器自身吸气的流量，以防止在吸入零点气体或气体标准物质的同时也吸入了周围的空气或干扰气体，导致检定结果产生偏差。

通气流量应控制在说明书建议的范围内。如无明确要求，流量一般控制在（200~500）mL/min 范围内。

（4）秒表

准确度为 0.1s。

流量计、秒表等配套设备应有检定或校准证书，且在有效期内。

(5)减压阀和气路

使用与气体标准物质钢瓶配套的减压阀和不影响气体浓度的管路材料。

由于铜、橡胶等物质对硫化氢气体有较强的吸附性，易造成气体标准物质浓度降低，建议减压阀采用不锈钢材质，气路采用聚四氟乙烯等。

硫化氢对气路、减压阀材质的适应性详见下表。

材质	适应性
不锈钢	较好
玻璃	较好
聚四氟乙烯	一般
铝	一般
铜、黄铜	较差
天然橡胶	较差
异丁橡胶	较差

（6）标定罩

扩散式仪器应有专用标定罩，标定罩不匹配对检定结果将产生一定影响。

检定扩散式仪器，标定罩一般侧面会有开口，开口的作用一是排掉传感器表面空气，二是避免压力增大影响仪器准确度。

1.2　个体防护

在进入作业区域时，应按照企业的管理规定佩戴必要的防护用品，如安全帽、护目镜、耳塞、防护服、防护鞋、正压式空气呼吸器和便携式气体检测仪（根据工作场所确定类型）等。

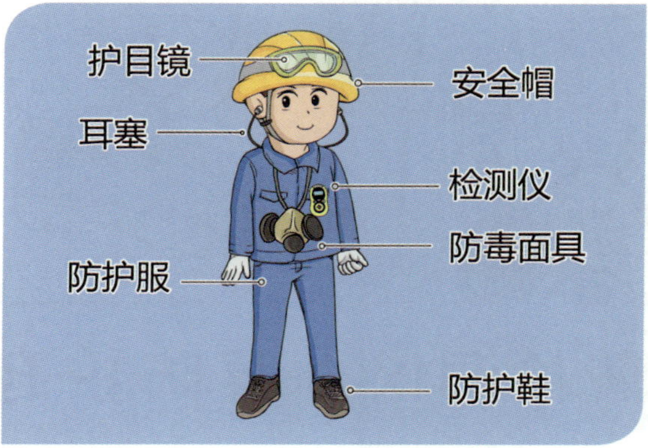

戴安全帽

戴护目镜

戴检测仪

穿防护鞋

1.3 作业许可证办理及作业流程

在进入作业区域前，应按照企业的管理规定办理作业许可证等相关手续，使车间管理人员和当班操作人员了解作业人员的工作计划，包括进入现场时间、人员名单、作业时间、作业内容等，检定及维护结束后应及时通知车间。作业人员应预先了解并熟悉各作业区域在事故突发时的应急撤离路线和报告程序。

在进入作业区域时，不得随意触动现场的其他测控仪表、阀门等与检定作业无关的设备设施。当作业区域有交叉作业时，原则上应停止作业，必须作业时应识别和注意交叉作业可能带来的高空坠物、放空或排凝管线瞬间大量泄放等风险。

检定作业时，注意观察周围设备、阀门、管线和仪表有无异常情况。如发现异常，应及时通知车间相关人员，同时立即撤离。

作业许可证办理及作业流程

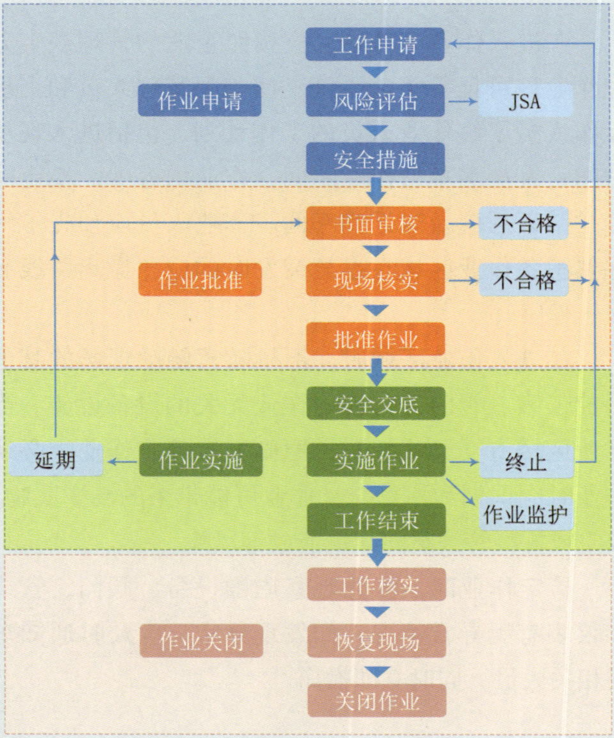

三级教育
A厂
一车间
二车间
三车间
A班组
B班组
C班组

许可证

1.4 检定环境条件

环境温度：0~40℃（波动≤5℃）；

相对湿度：≤85%。

检定应严格执行规程要求的环境条件。由于大部分硫化氢气体检测报警器采用电化学传感器，电化学反应受温度、湿度影响较大，尽管制造商在传感器内部采取了一些温度补偿措施，输出响应依然存在（0.5%~1.0%）/℃的误差，在极端天气条件下输出响应变化较大，现场检定环境要注意温度低于0℃或温度高于40℃的情况下不适合检定。如果湿度过高，传感器表面会聚集水汽，缩小了目标气体进入的通道，硫化氢微溶于水，通常条件下，1体积水能溶解2.61体积（20℃）硫化氢。

环境温度：25℃
相对湿度：54%
通风良好
无干扰被测气体

2 检定项目及计量性能要求

2.1 检定项目

检定项目	首次检定	后续检定	使用中检查
外观	+	+	+
示值误差限	+	+	+
响应时间	+	+	+
重复性	+	+	–
报警设置误差	+	+	–
漂移	+	–	–
绝缘电阻	+	–	–
绝缘强度	+	–	–

注：1.“+”为需要检定项目；“–”为不需要检定项目。

2. 经安装及维修后对仪器计量性能有较大影响的，其后续检定按首次检定要求进行。

2.2 计量性能要求

<table>
<tr><th>项目</th><th colspan="3">要 求</th></tr>
<tr><td rowspan="2">示值误差</td><td colspan="2">量程≤ 100×10^{-6}</td><td>$\pm 5 \times 10^{-6}$</td></tr>
<tr><td colspan="2">量程＞ 100×10^{-6}</td><td>±5%FS</td></tr>
<tr><td>重复性</td><td colspan="3">≤ 2%</td></tr>
<tr><td rowspan="2">响应时间</td><td>扩散式</td><td colspan="2">≤ 60s</td></tr>
<tr><td>泵吸式</td><td colspan="2">≤ 30s</td></tr>
<tr><td rowspan="4">漂移</td><td rowspan="2">零点漂移</td><td>连续式 6h</td><td>≤示值误差限</td></tr>
<tr><td>非连续式 1h</td><td>≤示值误差限</td></tr>
<tr><td rowspan="2">示值漂移</td><td>连续式 6h</td><td>≤示值误差限</td></tr>
<tr><td>非连续式 1h</td><td>≤示值误差限</td></tr>
<tr><td>报警设置误差</td><td colspan="3">≤ 20% 报警设定点</td></tr>
</table>

计量性能要求是规程的核心指标，示值误差的指标按仪器的量程分为两种表示方法，当仪器量程 $\leq 100 \times 10^{-6}$mol/mol 时，示值误差限为 $\pm 5 \times 10^{-6}$mol/mol，此值为绝对误差，是仪器显示值与标准值的差；当仪器量程＞ 100×10^{-6}mol/mol 时，示值误差限为 ±5%FS，此值为引用误差，其中 FS 表示仪器的满量程。

3 检定过程

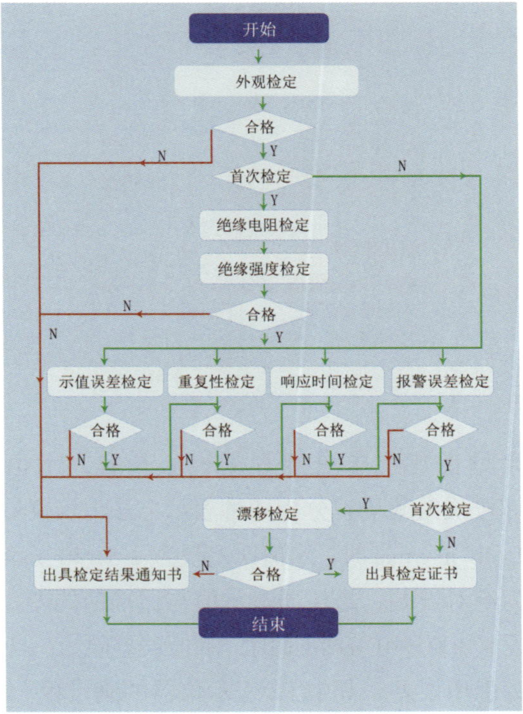

开始
外观检定
合格
N
Y
首次检定
N
Y
绝缘电阻检定
绝缘强度检定
合格
N
N
Y
示值误差检定
重复性检定
响应时间检定
报警误差检定
合格
N
Y
合格
N
Y
合格
N
Y
合格
N
Y
漂移检定
Y
首次检定
N
出具检定结果通知书
N
合格
Y
出具检定证书
结束

3.1 外观的检定

（1）仪器应标明制造单位名称、仪器型号和编号、制造年月，附件应齐全，并附有制造厂的使用说明书，产品合格证。

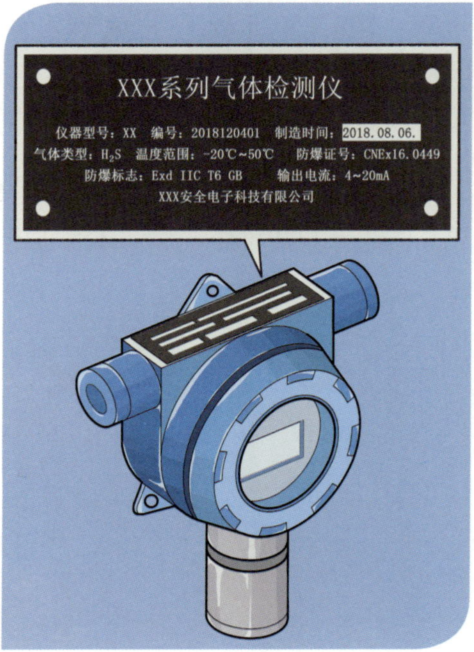

（2）仪器和各调节器部分应能正常调节，各紧固件应无松动。

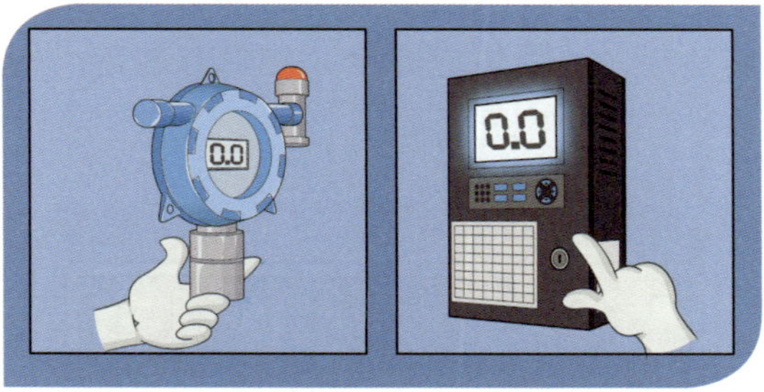

（3）新出厂的仪器的涂层不应有明显的颜色不匀和剥落，应无毛刺和粗糙不平，各部件接合处应平整。

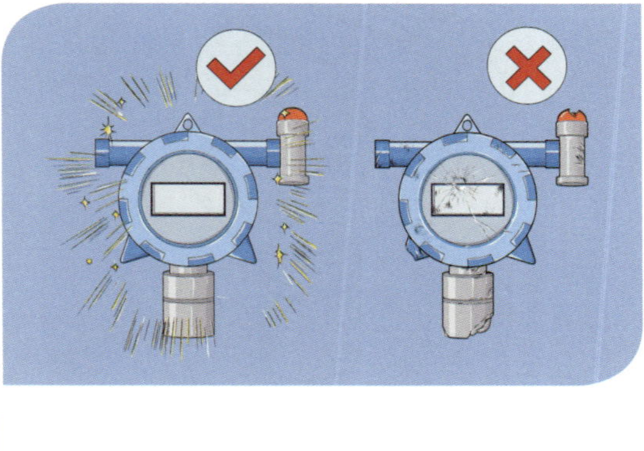

（4）仪器的显示应清晰完整。

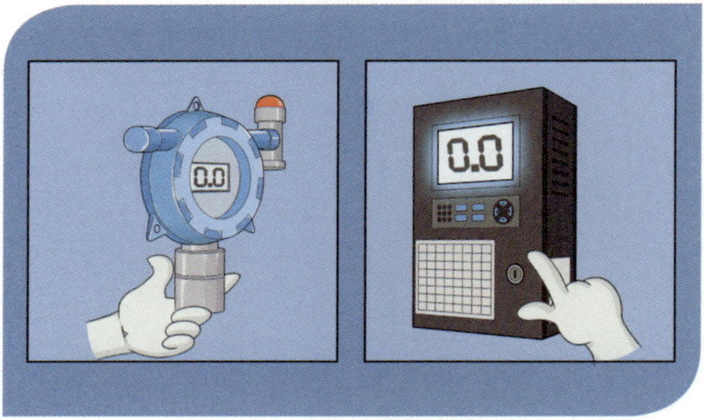

（5）对于扩散式仪器，应附带有仪器专用的检定用标定罩。

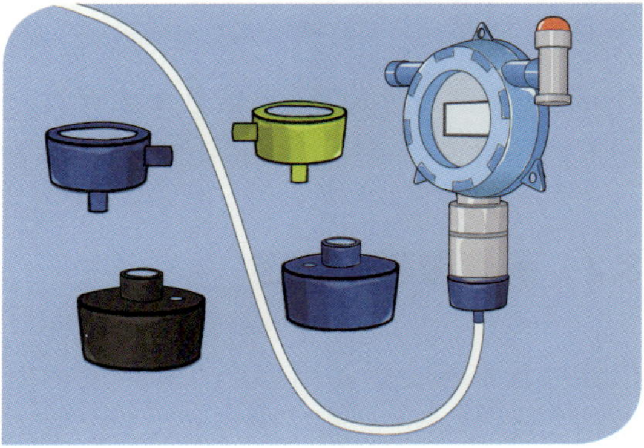

（6）仪器报警功能的检查：仪器开机后，检测仪器声光报警是否正常，并记录报警设定值。

外部过脏或油污造成探测器信息无法查看、按键或旋钮不能正常工作等均可判定为外观检查不合格。

3.2 示值误差的检定

仪器经预热稳定后，用零点气和浓度为测量范围上限值 80% 左右的标准气体校准仪器的零点和示值后，在测量范围内依次通入浓度分别为量程上限值的20%、50%左右的标准气体（如果仪器有两个量程，应在低量程范围内通入至少一种标准气体），并记录通入后的实际读数。重复上述步骤3次，按照式（1）或式（2）计算仪器各检定点的示值误差：

$$\varDelta_e = \frac{\overline{A} - A_s}{R} \times 100\% \tag{1}$$

$$\varDelta_e = \overline{A} - A_s \tag{2}$$

式中　$\overline{A}$——读数的平均值；

A_s——标准值；

R——量程。

当仪器量程 > 100×10^{-6}mol/mol 用公式（1）计算，取绝对值最大的 $\varDelta_e$ 作为仪器的示值误差；

当仪器量程 ≤ 100×10^{-6}mol/mol 用公式（2）计算，取绝对值最大的 $\varDelta_e$ 作为仪器的示值误差。

（1）首先判断仪器零点是否为零，若不为零，需要进行调整。一般调整方式分为电位器调整、光电或磁棒调整、软件程序调整等三种。具体调整方式参照厂家说明书。

（2）零点调整完成以后，通入浓度为测量范围上限值 80% 左右的气体标准物质进行量程调整，使其达到稳定示值。如果稳定示值与标准值之差在示值误差限之内，可不进行调整；若大于示值误差限，则需要对量程进行调整，具体量程调整方式参照厂家说明书。若多次调整仍不能满足示值误差要求，则仪器不合格。

（3）气体管路应尽量短，一般不长于 1m，否则影响响应时间。

（4）仪器读数：请参考以下执行。

气体检测报警器现场、二次表和 DCS 均可读数时，建议读取二次表数值。

气体检测报警器现场和 DCS 均可读数时，建议读取现场数值。

气体检测报警器现场无显示功能，无二次表时，只能通过 DCS 读取示值。

如果现场读数与二次表或 DCS 差别较大（超过最大允许误差的 1/3），建议应联系相关人员查找原因。如果现场或控制室配有报警设施，需要现场与控制室联动测试系统的报警功能。

3.3 重复性的检定

仪器经预热稳定后用零点校准气校准仪器零点后，再通入浓度为量程 50% 左右的标准气，待读数稳定后，记录测量值。重复上述操作 6 次，分别记录读数 A_i。重复性以相对标准偏差 Δ_C 表示。按式（3）计算仪器的重复性。

$$\Delta_C = \frac{1}{\overline{A}}\sqrt{\frac{\sum_{i=1}^{n}\left(A_i - \overline{A}\right)^2}{n-1}} \times 100\% \qquad (3)$$

式中 A_i——仪器显示值；

$\overline{A}$——仪器显示值的平均值；

n——测量次数。

3.4　响应时间的检定

仪器经预热稳定后，用零点校准气校准仪器零点后，通入浓度为量程 50% 左右的标准气，读取稳定数值后，撤去标准气，使仪器显示为零。再通入上述浓度的标准气，同时用秒表记录从通入标准气体瞬时起到仪器显示稳定值 90% 时的时间，即为仪器的响应时间。重复上述步骤 3 次，取算数平均值为仪器的响应时间。

3.5　报警误差的检定

仪器经预热稳定后用零点气和浓度为测量范围上限值 80% 左右的标准气体，校准仪器的零点和示值。然后通入浓度约为报警设定点（A_s）1.5 倍左右的标准气，记录仪器的实际报警浓度值（A_i），撤去标准气，通入零点气使仪器回零。重复上述步骤 3 次，按照式（4）计算仪器的报警设置误差。

$$\Delta_{A_i} = \frac{A_i - A_s}{A_s} \times 100\% \qquad (4)$$

取绝对值最大的Δ_{A_i}作为仪器的报警设置误差。

如果用于报警误差检定的气体标准物质的浓度过低，仪器本身的示值误差有可能达不到触发报警，如果浓度过高，仪器示值在超过报警点时变化太快，难以准确读数，所以规程中要求采用报警设定点 1.5 倍左右的气体标准物质。

4 检定原始记录

检定原始记录格式可使用检定规程中的模板，也可根据实际情况另行设计，但所含信息应不少于模板要求的内容。原始记录要求在检定的同时填写。

4.1 基础信息填写

（1）**仪器的名称、型号、出厂编号、量程、制造单位等**：通过外观检查将仪器上的相应信息填写到原始记录上。

（2）**送检单位**：填写送检单位的名称。

（3）**检定日期**：填写检定当天的日期。

（4）**检定人员**：检定工作至少需要两名具备相应资质的计量检定员，一人为检定员，一人为核验员，分别在原始记录上的相应位置填写姓名。

（5）**证书编号**：是依据该原始记录的检定结论

出具的相应的检定证书或检定结果通知书的编号。

（6）环境条件：现场测定或参考本地区当日的气象条件。

（7）检定依据：依据 JJG 695—2003《硫化氢气体检测仪检定规程》。

（8）气体标准物质的信息：主要包括气体标准物质名称、浓度单位、标准气体号、浓度、样品编号等，便于溯源。

基础信息样例

仪器名称		型号规格			出厂编号		
制造单位				仪器量程			
送检单位				检定依据			
检定日期		检定员	×××	核验员		证书编号	
环境条件		温度		大气压力		湿度	
标准气体	浓度单位	标准气体号		浓度	样品编号		
其他仪器设备							

4.2 检定项目填写

（1）外观： 符合规程要求，填写合格；如果其中某一项不符合规程的要求，则该项填写不合格。

（2）示值误差： 按照规程的要求使用三种不同浓度的气体标准物质。分别通入不同的气体标准物质，将报警器上的显示值（或二次表上的显示值）填在原始记录上，每种浓度的气体标准物质测量三次，分别将三次的显示值记录在原始记录上，通过计算求出平均值，按照计算公式求出平均值和示值误差。

（3）重复性： 通入浓度约为量程 50% 的气体标准物质并记录显示值。分别测量 6 次，将每次仪器的显示值记录在原始记录上，求出平均值，用重复性计算公式计算出相对标准偏差，把结果填写在原始记录上。

（4）响应时间： 用零点校准气校准仪器零点后，通入浓度约为量程 50% 的气体标准物质进行测量，读取稳定数值后，撤去标准气，待仪器显示为零后重新通入标准气，用秒表记录从开始通气到仪器显示到稳定值 90% 时的时间，测量三次，分别将秒表上的时间记录在原始记录上。取三次的平均值作为最终的相应时间。

（5）**报警误差**：校准零点和示值后通入浓度约为报警设定点 1.5 倍左右的标准气；记录报警器现场仪表显示（或是二次表）上显示的显示值，重复三次；按照公式计算报警设置误差。

（6）**检定结论**：上述检定项目若均合格，则检定结论为合格；如果检定项目中有任一项不合格，则检定结论为不合格，并注明不合格项目名称。

检定项目样例

外观

示值误差

标准气体浓度 /（×10^{-6}mol/mol）	仪器指示值 /（×10^{-6}mol/mol）				示值误差 /（×10^{-6}mol/mol）
	1	2	3	平均值	

重复性　　标准气体浓度：　　　（×10^{-6}mol/mol）

测量次数	1	2	3	4	5	6	C.V
指示值							

响应时间　　标准气体浓度：　　　（×10^{-6}mol/mol）

测量次数	1	2	3	平均值
响应时间 /s				

报警误差

标准气浓度 /（×10^{-6}mol/mol）	报警设定值	报警指示值			报警平均值	报警误差

检定结论

硫化氢气体检测仪检定原始记录样例

<table>
<tr><td colspan="2">仪器名称</td><td colspan="3">硫化氢气体检测报警器</td><td>型号规格</td><td>×××</td><td>出厂编号</td><td>X11350095</td></tr>
<tr><td colspan="2">制造单位</td><td colspan="3">×××</td><td>仪器量程</td><td colspan="3">（0~100）$\times 10^{-6}$mol/mol</td></tr>
<tr><td colspan="2">送检单位</td><td colspan="3">×××</td><td>检定依据</td><td colspan="3">JJG 695—2003《硫化氢气体检测仪检定规程》</td></tr>
<tr><td colspan="2">检定日期</td><td>2017.1.18</td><td>检定员</td><td></td><td>核验员</td><td>×××</td><td>证书编号</td><td>2017GJD0056</td></tr>
<tr><td colspan="3">一、环境条件</td><td>温度</td><td>19℃</td><td>大气压力</td><td>101.3kPa</td><td>湿度</td><td>44 %RH</td></tr>
<tr><td>标准气体</td><td colspan="2">浓度单位</td><td colspan="2">标准气体号</td><td>浓度</td><td colspan="3">样品编号</td></tr>
<tr><td rowspan="3">H_2S/N_2</td><td colspan="2" rowspan="3">$\times 10^{-6}$mol/mol</td><td colspan="2" rowspan="3">GBW（E）061324</td><td>19.9</td><td colspan="3">66906136</td></tr>
<tr><td>50.3</td><td colspan="3">63103179</td></tr>
<tr><td>80.4</td><td colspan="3">63103005</td></tr>
<tr><td colspan="3">其他仪器设备</td><td colspan="6">RF-2 流量控制器；DMI-001 电子秒表</td></tr>
<tr><td colspan="9">二、外观：符合要求</td></tr>
<tr><td colspan="9">示值误差</td></tr>
<tr><td colspan="2" rowspan="2">标准气体浓度 /（$\times 10^{-6}$mol/mol）</td><td colspan="5">仪器指示值 /（$\times 10^{-6}$mol/mol）</td><td colspan="2" rowspan="2">示值误差 /（$\times 10^{-6}$mol/mol）</td></tr>
<tr><td>1</td><td colspan="2">2</td><td>3</td><td>平均值</td></tr>
</table>

续表

19.9	19	19	19	19.0	−0.9
50.3	49	49	49	49.0	−1.3
80.4	79	79	79	79.0	−1.4

重复性　标准气体浓度：50.3（$\times 10^{-6}$mol/mol）

测量次数	1	2	3	4	5	6	C.V
指示值	49	49	49	50	49	49	0.9%

响应时间　标准气体浓度：50.3（$\times 10^{-6}$mol/mol）

测量次数	1	2	3	平均值
响应时间 /s	16	15	15	15

报警误差

标准气浓度 /（$\times 10^{-6}$mol/mol）	报警设定值	报警指示值			报警平均值	报警误差
19.9	6	6	6	6	6	0%

检定结论：合格

5 数据处理

以一台满量程为 100×10^{-6}mol/mol，报警设定值为 6×10^{-6}mol/mol 的硫化氢气体检测报警器，用浓度为 20.1×10^{-6}mol/mol、49.3×10^{-6}mol/mol、81.0×10^{-6}mol/mol 的标准气体测得相关数据为例，分别计算其示值误差、重复性、响应时间、报警误差。

示值误差

标准气体浓度 /（$\times 10^{-6}$mol/mol）	仪器指示值 /（$\times 10^{-6}$mol/mol）				示值误差 /（$\times 10^{-6}$mol/mol）
	1	2	3	平均值	
20.1	20	19	19		
49.3	49	48	47		
81.0	80	80	79		

重复性　　标准气体浓度：　　　（$\times 10^{-6}$mol/mol）

测量次数	1	2	3	4	5	6	C.V
指示值	49	48	47	48	48	48	

响应时间　　标准气体浓度：　　　（$\times 10^{-6}$mol/mol）

测量次数	1	2	3	平均值
响应时间 /s	16	17	16	

报警误差

标准气浓度 /（$\times 10^{-6}$mol/mol）	报警设定值	报警指示值			报警平均值	报警误差
20.1	6	6	6	6		

5.1　示值误差的计算

仪器量程为 100，故用公式$\Delta_e = \overline{A} - A_s$计算，取

绝对值最大的Δ_e作为仪器的示值误差。

当标气浓度为 20.1 时，三次测量值分别为：20，19，19。

$$\Delta_1 = \overline{A} - A_s = \frac{20+19+19}{3} - 20.1 = -0.8$$

当标气浓度为 49.3 时，三次测量值分别为：49，48，47。

$$\Delta_2 = \overline{A} - A_s = \frac{49+48+47}{3} - 49.3 = -1.3$$

当标气浓度为 81.0 时，三次测量值分别为：80，80，79。

$$\Delta_3 = \overline{A} - A_s = \frac{80+80+79}{3} - 81 = -1.3$$

取 3 点中绝对值最大的为示值误差结果。

5.2 重复性的计算

用公式$\Delta_r = \frac{1}{\overline{C}}\sqrt{\frac{\sum_{i=1}^{n}\left(C_i - \overline{C}\right)^2}{n-1}} \times 100\%$来计算仪器的

相对标准偏差，即重复性。

$$\overline{C}=\frac{49+48+47+48+48+48}{6}=48$$

$$\Delta_{\mathrm{r}}=\frac{1}{48}\sqrt{\frac{(49-48)^2+(48-48)^2+(47-48)^2+(48-48)^2+(48-48)^2+(48-48)^2}{5}}$$
$$=1.3\%$$

5.3 响应时间的计算

$$t=\frac{16+17+16}{3}=16$$

5.4 报警误差的计算

用公式 $$\Delta_{A_{\mathrm{i}}}=\frac{A_{\mathrm{i}}-A_{\mathrm{s}}}{A_{\mathrm{s}}}\times100\%$$

计算仪器的报警设置误差。

$$\Delta_{A_{\mathrm{i}}}=\frac{A_{\mathrm{i}}-A_{\mathrm{s}}}{A_{\mathrm{s}}}\times100\%=\frac{6-6}{6}\times100\%=0\%$$

6 检定结果及检定周期

（1）检定结论分合格和不合格。所有检定项目均合格，检定结论为合格，应出具检定证书；其中有任何一项检定不合格，检定结论为不合格，应出具检定结果通知书，并标明不合格项目。

（2）报警器的检定周期为1年，在周期内如果仪器更换了主要部件应及时进行检定，主要部件包括传感器、主板、泵等会对仪器的性能产生影响的部件。

7 常见故障案例分析

【案例1】零点漂移

（1）故障现象

硫化氢气体探测器长时间使用后出现零点漂移过大现象。

（2）原因分析

排查探测器零点电压是否偏高，若零点电压正常，分析故障原因为探测器内部传感器老化。

（3）排除过程

调整探测器零点电压，并对探测器重新清零，消除传感器老化造成的影响。

【案例 2】用环境气体校准零点后，探测器响应时间变慢或显示值偏低

（1）故障现象

用环境气体校准零点后，探测器响应时间变慢或显示值偏低。

（2）原因分析

工作环境中有少量气体泄漏，多次使用环境气体校准，导致零点不断增加，造成探测器响应时间变慢或显示值偏低。

（3）排除过程

通入零点气体进行校准，校准后示值正常。

【案例 3】示值误差较大

（1）故障现象

硫化氢检测仪检定时，其中某个点误差较大，其余两个点正常。

（2）原因分析

探测器的传感器在使用一段时间后（通常为半年到一年以后）或者探测器工作在高温高湿环境中，会出现传感器线性衰减从而导致示值误差增大。

（3）排除过程

此类故障的处理需按厂家说明书要求进行校准调整，如不成功则需要更换传感器。

【案例4】潮湿环境中硫化氢探测器无反应或反应低

(1) 故障现象

在潮湿环境中，硫化氢探测器通入标准气体时无反应或反应低。

(2) 原因分析

硫化氢气体吸附性强，不稳定，而且溶于水，潮湿的环境会造成硫化氢标准气体浓度降低；另一方面，由于水在表面张力作用下可能在隔爆片或防护网上形成水膜，阻塞气路。

(3) 排除过程

可摘下传感器进行烘干处理。

【案例 5】反应慢或无反应

（1）故障现象

探测器通气时无反应或反应慢。

（2）原因分析

排查传感器组件透气孔是否堵塞，若未发生堵塞，分析故障原因为探测器内部传感器老化或失效。

（3）排除过程

清理堵塞传感器组件透气孔后进行通气，若故障现象未消除，联系厂家更换探测器内部传感器。

【案例 6】现场探测器显示数值和二次表或 DCS 显示数值不一致

（1）故障现象

通入标准气体时，现场探测器显示数值和二次表或 DCS 显示数值不一致。

（2）原因分析

探测器（4~20）mA 电流输出不正常或现场探测器的量程和二次表或 DCS 设置的量程不一致。

（3）排除过程

查看探测器（4~20）mA 电流输出是否正常，如电流正常，检查现场探测器的量程和二次表或 DCS 设置的量程是否一致，若量程一致，可判定为现场探测器和二次表或 DCS 间信号传输故障。